Sitzungsberichte
der Heidelberger Akademie der Wissenschaften
Stiftung Heinrich Lanz

Mathematisch-naturwissenschaftliche Klasse
Abteilung A.

Jahrgang 1924. 9. Abhandlung.

Die geodynamischen Erscheinungen des krystallinen Odenwaldes als Beispiel einer geoisostatischen Ausgleichsschwingung.

Von

Dr. phil. **Rudolf Ewald**
in Heidelberg.

Vorgelegt am 21. Juli 1924
durch Herrn Salomon-Calvi.

Berlin und Leipzig 1924

Walter de Gruyter & Co.

vormals G. J. Göschen'sche Verlagshandlung / J. Guttentag, Verlagsbuchhandlung / Georg Reimer / Karl J. Trübner / Veit & Comp.

Vorwort.

In dieser Arbeit sind die geodynamischen Resultate meiner langjährigen Aufnahmetätigkeit im kristallinen Odenwald niedergelegt. In absehbarer Zeit wird von mir eine eingehende monographische Beschreibung des kristallinen Odenwaldes erscheinen, die alle meine Resultate in geologischer, petrographischer, stratigraphischer und dynamischer Beziehung ausführlich behandeln soll, in der auch die genaue Erforschungsgeschichte und die gesamte Literatur besprochen werden wird. Da die Literatur in der weitaus überwiegenden Hauptmasse petrographischer Natur ist, so kann ich hier auf deren ausführliche Aufzählung verzichten und zitiere nur das wenige, was für diese Arbeit unerläßlich ist.

Seit 1905 habe ich im kristallinen Odenwald beobachtet und vor allem 1907—1910 zahlreiches Beobachtungsmaterial gesammelt. Ganz besonders bin ich im Jahre 1919 den hier behandelten Problemen nachgegangen, und bin der Heidelberger Akademie der Wissenschaften, Stiftung Heinrich Lanz, für weitgehende pekuniäre Unterstützung meiner Aufnahmen zu großem Danke verpflichtet. Auch den Herren des hiesigen geologischen Instituts, besonders Herrn Geheimrat Salomon schulde ich Dank für weitgehende Unterstützung und vielfache Anregungen.

Die Ausarbeitung hat sich durch mehrjährige Tätigkeit in Norddeutschland herausgezögert, konnte aber durch mehrere Kontrollbegehungen in diesem Jahre so weit gefördert werden, daß einer Veröffentlichung der Hauptresultate nun nichts mehr im Wege steht.

Einleitung.

Im kristallinen Odenwald sind eine Reihe von Problemen noch nicht genügend geklärt. Vor allem das Hauptproblem, das der Otzbergspalte. Außerdem das genaue Altersverhältnis der einzelnen tektonischen und vulkanischen Vorgänge und besonders ihre gegenseitigen Beziehungen im Rahmen der geodynamischen Geschehnisse. Ich will versuchen, auf Grund meiner Beobachtungen diese Probleme zu lösen und kann dabei durch die günstige tektonische Struktur des Gebirges eine große Reihe von Fragen in sehr viel eindeutigerer Weise klären, als dies in anderen Gebirgen der Fall ist. Denn sonst sind die tektonischen Bewegungen meist nur relativ zu erkennen an der gegenseitigen Verschiebung zweier Teilgebiete (bzw. Schollen). Hier aber hatten wir einen Gebirgsteil, der den ganzen Bewegungen passiv gegenüberstand und somit als Pegel dienen konnte. Daran lassen sich die absoluten Bewegungen der Odenwälder Hauptmasse ablesen, und es ist hier erstmalig möglich gewesen, ein eindeutiges Bild der gesamten Bewegungen zu geben und dieses im graphischen Bild festzuhalten.

Dadurch und durch genaues Studium der Druckverhältnisse ließen sich auch theoretisch Resultate erzielen, die mir einer Lösung des Problems wesentlich näher zu kommen scheinen als eine einfache Arbeitshypothese. Es handelt sich hier um eine teilweise ganz neue Deutung geodynamischer Vorgänge.

Ich bin mir wohl bewußt, daß jeder derartige Deutungsversuch der Fülle der in der Natur wirkenden Faktoren gegenüber stets mehr oder minder einseitig bleiben muß und daher günstigstenfalls nur bedingt richtig sein kann. Wenn man aber versucht, auf möglichst breiter Beobachtungsbasis alle Teilbeobachtungen nicht nur als Teile an sich, sondern als Teile eines großen Ganzen zu betrachten, so ergibt sich doch aus diesen Bausteinen allmählich ein Gebäude, das um so wohlgefügter sein muß, je mehr Bausteine zur Verfügung stehen und je sorgfältiger die Beobachtungen angestellt sind, je kritischer sie eingefügt wurden.

Ich habe bei meinen Schlußfolgerungen stets, um mir eine gewisse Objektivität zu wahren, versucht, jede Beobachtung von verschiedenen Seiten aus zu deuten, und erst nach Prüfung dieser verschiedenen Deutungen im Vergleich mit der Gesamtheit der Beobachtungen allmählich das Bild gewonnen, das ich im folgenden entwickeln werde.

So Ausgezeichnetes die petrographische Durchforschung des Odenwaldes bereits gezeitigt hat, so gering ist unsere geologische Kenntnis des Gebiets, obwohl es zu den bestkartierten Teilen Deutschlands gehört.

Schon 1861/63 erschienen die von Seibert und Ludwig bearbeiteten Sektionen Dieburg und Erbach der geologischen Karte von Hessen 1 : 50 000, die vom mittelrheinischen geologischen Verein herausgegeben wurde, und ganz Hessen in für damalige Verhältnisse mustergültiger Weise darstellte. Auf diesen Karten, die zwar petrographisch noch manche unklare Vorstellungen enthalten, kommt der eigenartige geologische Bau des Odenwaldes schon recht gut zum Ausdruck, indem wir im westlichen Teil deutlich die varistischen Züge erkennen, sie aber im östlichen Teile vermissen, eine Tatsache, die für die ganzen Verhältnisse im Odenwald von grundsätzlicher Bedeutung ist.

Es folgen dann seit 1886 die Aufnahmen der hessischen geologischen Landesanstalt in 1 : 25 000, die petrographisch mit allen modernen Hilfsmitteln arbeiten konnten und von Chelius und Klemm bearbeitet sind. Chelius, ein hervorragender Einzelbeobachter hatte vom geologischen Bau nicht ganz klare Vorstellungen, und durch seine überschematische Darstellungsweise das tektonische Gesamtbild eher verwirrt als geklärt. Immerhin hat er über die Altersverhältnisse der Gesteine viele recht gute Aufschlüsse gegeben. Klemm kartiert petrographisch außerordentlich genau, dadurch ist naturgemäß die Kartierung mehr nach der Mineralzusammensetzung vorgenommen worden, und es liegt meiner Ansicht nach mitunter die Gefahr vor, daß Zusammengehöriges getrennt und Verschiedenartiges unter einer Signatur vereinigt wird.

Den ersten wirklichen Versuch einer geologischen Analyse hat Bubnoff gemacht (Tektonik und Intrusionsmechanismus im kristallinen Odenwald, Abhandl. d. preuß. geol. L.-A. N. F. 89), der einen großen Teil der Begehungen mit mir gemeinsam gemacht hat, und ein Teil seiner Resultate ist ja auch in seiner Arbeit als Gemeinsames gekennzeichnet. Seine Schlußfolgerungen bedeuten einen wesentlichen Fortschritt in der Erkenntnis des Odenwaldes, wenn sie auch zum Teil an der nicht genügend breiten Beobachtungsbasis und vor allem darunter leiden, daß er sich grundsätzlich auf eine einzige Arbeitsmethode festgelegt hatte.

Otzbergspalte.

Das Hauptproblem des Odenwaldes bildet die sogenannte Otzbergspalte, eine geologische Leitlinie, die den westlichen Bergsträßer

Odenwald mit ausgesprochen varistischem Bau vom östlichen Böllsteiner Odenwald mit mehr oder minder schwebender Lagerung scheidet. Drei Lösungsmöglichkeiten gibt es für dieses Problem:

1. die Spalte ist postvaristisch, dann trennt sie zwei verschiedene Stockwerke des alten Gebirges, wie Chelius annahm;
2. sie ist varistisch, dann stoßen an ihr zwei verschiedene Gebirgsteile zusammen, wie etwa Dinariden und Alpen in den Südalpen;
3. sie ist prävaristisch, d. h. der ungefaltete Teil ist schon vor der Gebirgsfaltung in seine heutige Lage gebracht und hat den Faltungsvorgängen gegenüber als starre Masse gewirkt, was Bubnoff vermutete und was ich durch meine Kartierungen zu beweisen vermochte.

In der Tat lassen sich die sehr komplizierten Intrusionsvorgänge nur aus dieser Annahme befriedigend erklären. Ich muß daher etwas näher darauf eingehen.

Im Gesamtodenwald haben wir eine Folge von vier Intrusionen, die einer normalen Bröggerschen Intrusionsfolge entsprechen. 1. Gabbro bzw. Diorit, 2. Hornblendegranit, 3. Hauptgranit, 4. sauren jüngeren Granit. Nach der Auffassung von Chelius und Klemm müßte diese Folge im Böllsteiner Odenwald umgekehrt sein, nämlich älterer Granit, Gabbro, jüngerer Granit, wobei der ältere Granit dem Hauptgranit zeitlich gleichgestellt wird.

Ich konnte nun zeigen, daß der Gabbro des Böllsteiner Gebietes zeitlich dem Gabbro des Bergsträßer Odenwaldes gleichsteht, daß mithin der „ältere Böllsteiner Granit" ein wesentlich älteres Gestein sein muß, und konnte beweisen, daß es sich um echte alte Gneise handelt (Ewald, Die Großarchitektur des kristallinen Odenwaldes, Jahresberichte des oberrheinischen geologischen Vereins 1924).

Aus genaueren Vergleichen der Sedimente, die die Gneise bedecken, mit denen des Bergsträßer Gebietes wird es sehr wahrscheinlich, daß die Heraushebung der Gneismasse etwa zur Silur/Devon-Grenze erfolgte, mithin die Spalte kaledonisches Alter hat, eine Erscheinung, die in manchen Beobachtungen im Schwarzwald eine Bestätigung findet.

Auch über die Ausdehnung der Gneismasse bin ich anderer Ansicht als Bubnoff, der ihr nur eine geringe Größe beimißt, während alle meine Beobachtungen über die varistischen Bewegungen an der Spalte mit zwingender Notwendigkeit auf eine sehr viel größere Ausdehnung der alten Gneismasse hinweisen. Ich nehme eine direkte Verbindung mit den völlig äquivalenten Gesteinen des Spessarts an, und auch die Schieferbegrenzung, die Bubnoff seiner elliptischen Kuppel im Osten gibt, kann ich nur als eine Schleppungserscheinung an postvaristischen Brüchen ansehen, die mit dem System der Mümlingspalten zusammenhängt.

Intrusionsvorgänge im Böllsteiner Gebiet.

Wenn ich mich nun den Intrusionsvorgängen im Odenwald und ihren Begleiterscheinungen zuwende, so bespreche ich zuerst die relativ einfachen Erscheinungen im Böllsteiner Odenwald, da hier in der unbewegten Gneismasse die Vorgänge ohne weiteres zu deuten sind und für verschiedene viel kompliziertere Geschehnisse im Westen den Schlüssel geben.

Bei der varistischen Faltung wirkte die Gneismasse als starrer Block und wurde selbst durch die tektonischen Ereignisse nur wenig beeinflußt. Die mehr oder weniger plastischen Gneise, vor allem die Eruptivgesteinsgneise, wurden nur in sich zusammengestaucht, was sich uns heute in Form einer leicht welligen Struktur ihrer Flaserung zu erkennen gibt. Die Sedimentgesteinsgneise sind schon etwas starrer infolge ihrer Textur. Sie bestehen aus Tafeln eines innigen Gemenges von Quarz und Feldspat und dazwischengeschalteten Häuten von Glimmer. — Ich gebrauche die Ausdrücke Eruptivgesteins- bzw. Sedimentgesteins-Gneis, um dadurch der Priorität Sauers vor den Rosenbuschschen Ausdrücken Ortho- und Para-Gneis gerecht zu werden und um gleichzeitig damit zu sagen, daß die Gesteine erst aus Eruptiven und Sedimenten durch den Vergneisungsvorgang zu Gneis verwandelt wurden. —

Noch starrer verhielten sich die den Gneisen vielfach eingeschalteten Linsen von Granulit und eklogitartigen Gesteinen.

Bei dem starken tangentialen Druck, dem die Masse ausgesetzt war, mußten sich nun an den Grenzen verschieden starrer Gesteine Diskontinuitäten bilden und das Magma, das, wie wir sehen werden, gleichzeitig mit den Faltungsvorgängen aus der Tiefe empor drang, konnte auf diesen Diskontinuitätsflächen in Form von Lagergängen intrudieren. Es handelt sich hier um das erste, das basische Magma, hier im wesentlichen Olivingabbro. Die Mächtigkeit dieser Lagergänge ist im allgemeinen gering und übersteigt selten 10—15 m.

Von der zweiten und dritten Intrusion der Odenwälder Intrusionsfolge wurde das Gneismassiv aus Gründen, die ich im späteren Verlauf aufzeigen werde, nicht betroffen, sondern erst wieder von der vierten, der des jüngeren Granites.

Die Vorgänge, die zu dieser Intrusion führten, waren, wie dort auseinandergesetzt werden soll, wieder mit starkem tangentialen Druck verbunden. Demgemäß bildeten sich in der Gneismasse wieder Diskontinuitätsflächen heraus. Jetzt vor allem in großem Maßstabe an der Grenze zwischen Gneis und den darüberliegenden metamorphen Schiefergesteinen. Hatten die Hauptintrusionen des Gabbro an der Grenze Gneis-Granulit stattgefunden, so finden wir nun die mächtigsten Lagergänge des jüngeren Granites an der ebenerwähnten Gneis-Schiefergrenze. Aber auch im Innern der Masse finden wir granitische Intrusionen, und zwar meist an der Grenze zwischen Eruptivgesteins- und Sedimentgesteins-Gneis.

Diese Lagergänge sind im Innern des Gneismassivs, wenig mächtig, von wenigen Zentimetern bis zu 5 und 6 Metern, während die an der Schiefergrenze oft weit über 20 m aufweisen.

Die geologischen Verhältnisse der beiden Lagergangintrusionen sind außerordentlich ähnlich. Beide Gesteine sind im allgemeinen recht feinkörnig, beide haben nur geringe Kontakterscheinungen hervorgerufen, und zwar mehr am innern als am äußern Kontakt. Der Gabbro enthält häufig Gneiseinschlüsse, er hat in den Gneis Aufblätterungsinjektionen entsandt und hat selten ein scharfes Salband. Meist findet sich eine $^1/_4$ bis 2 m breite Übergangszone, bei der der Gabbro selbst glimmerführend, der Gneis dagegen hornblendehaltig wird. Der Granulit wird etwas stärker beeinflußt, indem er dichter wird, häufig gröberes Korn zeigt und vor allem die Granaten und der Epidot Umkristallisierungen erfahren. Der Gabbro selbst zeigt vielfach eine ausgezeichnete Paralleltextur, deren Entstehung beim Granit besprochen werden soll.

Die Verhältnisse beim jüngeren Granit liegen im allgemeinen ähnlich. Allerdings sind Gneiseinschlüsse sehr selten zu beobachten, was wohl mit der großen stofflichen Übereinstimmung beider Gesteine zusammenhängt und der damit verbundenen leichteren Assimilierbarkeit. Auch sind aus demselben Grunde außer Aufblätterungsinjektionen kaum äußere Kontakterscheinungen zu beobachten, außer etwa einer geringen Korngrößenzunahme des benachbarten Gneises.

Dagegen zeigt der Granit stets eine ganz ausgezeichnete Paralleltextur, was meines Erachtens aber nicht so sehr auf Fluidalerscheinungen zurückzuführen ist als auf metasomatische Vorgänge. Vergegenwärtigen wir uns die Raumbildung des Gesteins als im wesentlichen zweidimensionale Körper, so ist klar, daß von den beiden einander parallelen Begrenzungsflächen, die noch dazu der Gneisflaserung des umgebenden Gesteins parallel sind, eine starke Beeinflussung ausgehen muß. Bei der Erstarrung gibt sich dies in Diffusionserscheinungen und einer Art von rhytmischer Fällung zu erkennen, die wir heute in der Parallelstruktur beobachten.

Die Gleichartigkeit der geologischen Erscheinungen der beiden Intrusionen beweist uns die Gleichartigkeit der geologischen Bedingungen. Dies gilt in erster Linie auch für das relative Stockwerk, in dem die Intrusionen stattfanden. Alle Erscheinungen sprechen für recht geringe Tiefe und das sowie das Fehlen der mittleren Intrusionsphasen beweisen uns ebenso wie der geologische Bau der Gneismasse, daß sie an den varistischen Bewegungen keinen Anteil nahm, wenigstens keinesfalls in vertikaler Richtung. Horizontale Bewegungen scheinen allerdings nicht ganz gefehlt zu haben, denn während des eigentlichen Faltungsvorganges scheint die ganze Masse in toto sich in der Richtung von Südost nach Nordwest bewegt zu haben.

Im Gegensatz zu diesen einfachen und recht ruhigen Vorgängen im Böllsteiner Odenwald, dessen ganze geologische Geschichte während der carbonischen orogenetischen Periode mit dem eben geschilderten erschöpft ist, steht der Bergsträßer Odenwald.

Hier finden wir, wie ein Blick auf jede geologische Karte, am besten auf die schöne Klemmsche Übersichtskarte 1:100 000 lehrt, einen außerordentlich reichen Wechsel an Gesteinen und auch eine sehr bewegte Tektonik.

Die geodynamischen Vorgänge im Bergsträßer Odenwald.

Die Vorgänge, die zur Intrusion des ersten, des basischen Magmas führen, hängen unmittelbar mit der Faltung des Gebirges zusammen. Wir beobachten, daß die Gabbros und Diorite — diese sind nur angesäuerte Teile desselben Magmas — in langgestreckten Zügen von varistischem Streichen liegen und die Untersuchung der sie umgebenden Sedimente zeigt, daß sie in den Sattelachsen stecken. Die Metamorphose der Sedimente ist um die Intrusivkörper ziemlich erheblich, und zwar auf der Nordseite stärker als auf der südlichen Flanke. Das Gestein ist recht schlierig und wird im allgemeinen nach Süden etwas saurer.

Zwischen diesen basischen Zügen liegen, und zwar in den Mulden, die Hornblendegranite. Nach Intrusion der Hornblendegranite macht sich eine stärkere Senkung der ganzen gefalteten Scholle bemerkbar und dabei lassen sich Zerrungserscheinungen beobachten, die sich in Gestalt von fächerförmig auftretenden Spalten zeigen. In dieses in die Tiefe gesunkene zerrissene Gebirge dringt der Hauptgranit aufschmelzend ein, und zwar, wie sich aus seinen Kontakterscheinungen ergibt, in recht großer Tiefe.

Nach Erstarrung des Hauptgranites beginnt eine große Hebung, die mit starkem tangentialen Druck verbunden ist und mit einer erheblichen, nach Nord gerichteten Komponente. Durch diese Bewegungen wurde alles Gestein längs der Hauptspalten, vor allem der Otzbergspalte, regional mylonitisiert, und in diesen Myloniten einerseits, an Spalten und anderen schwachen Stellen andererseits drang in hohem Stockwerk der jüngere Granit empor.

Diese Erscheinungen zeigen sich in den verschiedenen durch die Fächerspalten entstandenen Teilschollen alle in demselben Sinne, wenn auch in verschiedenen Dimensionen. Infolgedessen ist auch die Ganggefolgschaft in den einzelnen Schollen verschieden znr Entwicklung gelangt.

Wenn wir nun an die Deutung dieser Vorgänge gehen, vor allem ihre ursächlichen Zusammenhänge ergründen wollen, so sind eine Reihe von weitergespannten theoretischen Erörterungen unerläßlich.

Derartige Spekulationen sind ja stets mehr oder weniger subjektiv und daher bestenfalls nur bedingt richtig: aber auch wenn sie an sich falsch sein sollten, so können sie doch durch Herausforderung der Kritik und Anregung zur wissenschaftlichen Diskussion unter Umständen mehr zur Klärung der allgemeinen dynamischen Fragen beitragen als eine ängstliche Vermeidung jeder weitergehenden Hypothese.

Meiner Überzeugung nach lassen sich die Vorgänge im Bergsträßer Odenwald nicht aus der Kontraktionstheorie erklären, ja sie widersprechen sogar der Annahme einer allgemeinen Kontraktion des Gesamterdkörpers, da ja ebensostarke Dehnungserscheinungen zu beobachten sind als Zusammenschub.

Ich bin zur Überzeugung gelangt, daß die ganzen dynamischen Vorgänge aus dem Zusammenwirken von Anomalien im hydrostatischen Druck mit Erscheinungen, die durch die Erdrotation bedingt sind, resultieren.

Wichtig ist es, daß wir die eigenartige stofflich-physikalische Beschaffenheit des Erdkörpers im Auge behalten. Wir sehen einen scheinbar festen Körper mit Eigenschaften, die auf Impulsbewegungen, d. h. rasche Bewegungen, starr-elastisch wie feste Körper reagieren, aber auf langsame Änderungen sich verhalten wie Flüssigkeiten. Im Verlaufe von Diskussionen im Kolloquium des geologischen Instituts ist für diesen Zustand erst der sehr treffende Ausdruck säkularplastisch, dann noch besser „säkularflüssig“ geprägt worden, den ich für besonders geeignet halte.

Außerdem ist noch ein zweiter scheinbarer Widerspruch vorhanden, indem nämlich die doch immerhin sehr großen Massen, um die es sich bei allen dynamischen Vorgängen handelt, den Trägheitsgesetzen unterworfen sind, andererseits außerordentlich empfindlich auf alle Anomalien reagieren.

Wenn wir diese eigentümlichen, scheinbar einander widersprechenden, aber naturnotwendig zusammengehörigen Zustände bis in ihre letzten Konsequenzen zu durchdenken versuchen, so finden wir eine ganze Reihe von Erscheinungen, die uns das Verständnis von tektonischen, vor allem — und dabei handelt es sich im Odenwald — tiefentektonischen Vorgängen wesentlich erleichtern.

Vor allem wird jede Anomalie im hydrostatischen Druck erst ein gewisses Maß übersteigen müssen, um eine Entspannung auslösen zu können. Aber diese Entspannung kann unmöglich restlos eintreten, sondern muß, wie alle hydrostatischen Gleichgewichtsbewegungen, durch Übereffekt infolge des Trägheitsmoments in Form einer rhythmischen Schwingung ausklingen. Wir müssen also stets mit einem mehr oder minder regelmäßigen Wechsel von positiven und negativen Druckphasen rechnen, ein Umstand, der meines Erachtens bisher bei Beurteilung geodynamischer Vorgänge viel zu wenig berücksichtigt worden ist.

Verstärkt werden diese Druckveränderungen noch durch die Form der Erde. Nämlich dadurch, daß die Ausgleichsräume infolge der radialen Tiefenlage noch in der positiven Druckphase verengt, in der negativen erweitert werden.

Außerordentlich kompliziert werden diese Verhältnisse noch durch Erscheinungen, die mit der Erdrotation zusammenhängen. Wie wir in der Atmosphäre und in den Ozeanen eine regelmäßige Zirkulation der Massen beobachten, so müssen auch im Erdinnern, das ja, wie wir gesehen haben, säkularflüssig ist, derartige Zirkulationsbewegungen stattfinden. Allerdings können wir sie nicht ganz mit jenen in Parallele setzen, da die physikalischen Grundbedingungen dafür wesentlich andere sind.

Schwinner (Vulkanismus und Gebirgsbildung, ein Versuch. Zeitschrift für Vulkanologie, Bd. V H. 4) hat versucht, in der plastischen Zone des Erdkörpers die vulkanischen und tektonischen Vorgänge auf Bewegungen zurückzuführen, die den Zyklonen und Antizyklonen der Atmosphäre entsprechen, kann aber dadurch eine ganze Reihe von tiefentektonischen Phänomenen, die wir tatsächlich beobachten, nicht befriedigend erklären. Vor allem erklären sich dadurch nicht die häufigen Umkehrungen in den geodynamischen Bewegungen.

Verschiedene Eigenschaften der säkularflüssigen Zone wirken auf die Bewegungsart der Zirkulationen modifizierend ein. Erstens ein Bestreben nach Saigerung, wie es sich ja in der zonaren Anordnung der

Stoffe im Erdinnern von der Barysphäre bis zur leichten Lithosphäre kundgibt. Demgegenüber steht innerhalb der bewegungsfähigen Zone eine durch chemophysikalische Spannungen der jonisierten Lösungen bewirkte Neigung zu Diffusionen. Wir haben daraus schon die Möglichkeit eines Anstoßes zu Zirkulationsbewegungen im großen gegeben. Diese Zirkulation muß ähnlich wie in den Ozeanen infolge der Rotation einen schwereren Tiefenstrom gegen den Äquator und einen leichteren Oberflächenstrom gegen die Pole bedingen[1]), die noch infolge der Umdrehung eine Ablenkung erfahren müssen. Daß bei dem sehr viskosen Zustande der fließenden Massen und bei der äußersten Langsamkeit der Bewegungen Unregelmäßigkeiten wie Schlieren und Wirbel vorkommen, ist selbstverständlich. Diese können dann natürlich auch Wirkungen hervorrufen, wie Schwinner sie annimmt. Aber diese Erscheinungen sind doch mehr lokaler Natur und vor allem nicht geeignet, große Faltengebirge, die sich über ganze Kontinente erstrecken, zu erklären.

Ob diese Zirkulationsbewegung dauernd und gleichmäßig vor sich geht oder ob Zeiten der Ruhe mit Zeiten lebhafterer Bewegung wechseln, ist zur Zeit noch nicht zu entscheiden, doch ist mir das letztere wahrscheinlicher, denn daraus ließe sich die Periodizität der orogenetischen Vorgänge gut erklären.

Die Möglichkeit einer solchen Periodizität wäre durch stoffliche Zustände zu erklären, nämlich dadurch, daß Phasen mit Saigerung nach der Schwere, die den einfachen Massengesetzen unterworfen ist, mit solchen mit Saigerung nach der Plastizität, die anderen Gesetzen folgen muß, wechseln. Mit solchem Wechsel müssen notwendig Änderungen in den Temperaturgradienten der geothermischen Tiefenstufe verbunden sein, die zu Konvektionsströmen im Schwinnerschen Sinne führen.

Aber gleichgültig, ob die Zirkulation eine dauernde oder eine periodische ist, jedenfalls werden Zirkulationsbewegungen unter allen Umständen bei allen Anomalien in der hydrostatischen Druckverteilung einsetzen müssen und alle radial gerichteten Ausgleichsbewegungen müssen dadurch eine horizontal gerichtete Komponente erhalten.

Mit andern Worten, eine ursprünglich vertikal gerichtete Schwingung, wie wir sie vorhin entwickelt haben, muß in ihren rhythmischen Phasen allmählich eine immer stärkere Horizontalkomponente bekommen und wie alle Schwingungen in Flüssigkeiten, in eine zyklische Welle übergehen.

Auch hierbei werden die Ausgleichsräume verändert. Und zwar, da es sich nicht um Bewegungen handelt, die einfach über die Kugelfläche der Erde gleiten, sondern sich zwischen dem Äquator und den

---

[1]) Vgl. Abb. 2 S. 15.

Polen bewegen, so wirkt eine polwärts gerichtete Bewegung verengend, ergibt also einen tangentialen Druck im Sinn des Parallelkreises, während eine äquatorialgerichtete Bewegung in einen weiteren Raum führt, mithin zu Zerrungserscheinungen führen muß.

Wenn wir uns nun die Druckveränderungen in einer Scholle, die sich in einer zyklischen Welle bewegt, für die einzelnen Phasen klarmachen, so ergeben sich Verhältnisse, wie sie in den folgenden Figuren (vgl. Fig. 1 a—c) dargestellt sind.[1])

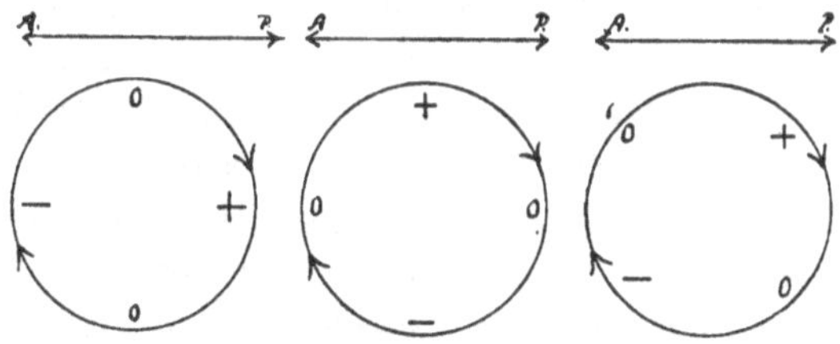

Fig. 1a. Fig. 1b. Fig. 1c.

Fig. 1a. Änderungen des hydrostatischen Drucks.
Fig. 1b. Änderungen des Tangentialdruckes im Parallelkreis.
Fig. 1c. Änderung des Tangentialdruckes im Meridian.

Die Druckveränderung der vertikalen Komponente, die im wesentlichen mit dem hydrostatischen Druck zusammenfallen wird, wird am stärksten bei rein gegen den Erdmittelpunkt gerichteter Bewegung zunehmen, bei vertikal aufsteigender Bewegung am stärksten abnehmen (die Größe der Pfeile in Fig. 4 S. 15 ergibt diese Zu- bzw. Abnahme). Im Sinne des Parallelkreises ist der stärkste Zuwachs bei rein polwärts gerichteter Bewegung, die stärkste Abnahme bei äquatorial gerichteter.

Die meridionale Druckkomponente hat ihr Maximum in der Mitte zwischen der polar und der zentral gerichteten Bewegung, ihr Minimum in der entsprechenden Gegenphase.

Es ergibt sich daraus, daß für jeden Punkt der zyklischen Welle ganz bestimmte Verteilung der Druckänderungen in den drei Dimensionen des Raumes charakteristisch sind, wie dies in Fig. 4 (siehe S. 15) dargestellt ist. Die Zeichnung ist so gedacht, daß ein Teilchen in der Schnittebene eines Meridians einen Kreis beschreibt und in perspektivischer Ansicht von der äquatorialen Seite aus·dargestellt ist. Die Pfeile geben Zu- bzw. Abnahme des Druckes an, ihre Größe das relative Ausmaß.

Wenn wir diese physikalischen Grundlagen im Auge behalten, so werden wir die tektonischen Bewegungen und die damit verbundenen Intrusionserscheinungen im Bergsträßer Odenwald sehr gut verstehen können, wir können die ganze Reihe von sehr wechselnden Erscheinungen,

[1]) P = Pol, A = Aequator.

die zum Teil in ganz entgegengesetztem Sinne vor sich gingen, in eine Kette von logisch auseinander folgenden Vorgängen vereinigen.

Ich gebe im folgenden eine Analyse der vorhin kurz skizzierten geodynamischen Vorgänge an Hand der eben gewonnenen Anschauungen und werde zeigen, daß sich alle beobachteten Erscheinungen dadurch zwanglos erklären lassen.

Betonen möchte ich hier nur, daß das Bewegungsdiagramm (vgl. Fig. 5 S. 15) im wesentlichen nach den tatsächlich beobachteten Bewegungen dargestellt ist, nur für diese Veröffentlichung etwas unter Berücksichtigung der theoretischen Anschauungen schematisiert wurde. Die Figur stellt einen Vertikalschnitt durch den Bergsträßer Odenwald, und zwar durch die Scholle südlich der Waschnitzspalte in Richtung des Doppelpfeiles, der in dem Größenquadrat dieser Scholle auf der Strukturkarte (vgl. Fig. 7 S. 19) steht, dar und gibt die wahre Bewegung der auf einen Punkt reduzierten Gesamtscholle wieder.

Die Sattelkernintrusion.

Die älteste der vier Intrusionen fällt, wie sich aus ihrer geologischen Stellung ergibt, mit der varistischen Hauptfaltung zeitlich zusammen. Um also ihre Intrusionsmechanik zu verstehen, müssen wir die Faltungsvorgänge in ihrer allgemein dynamischen Bedingtheit studieren.

Während des ganzen Paläozoikums fanden hier Ablagerungen von epikontinentalen Sedimenten statt, und zwar in sehr großer Mächtigkeit. Vor allem haben wir sehr mächtige Grauwackenserien, aber auch sehr erhebliche Ablagerung von Tonschiefer. Diese Ablagerungsphase hat wohl sicher bis ins Culm angedauert und wohl schon im Cambrium oder Untersilur begonnen. (Die genaue Stratigraphie der Sedimentgesteine, die alle hoch metamorphosiert sind infolge mehrerer Phasen von Regional- und Kontaktmetamorphose, bei denen auch Metamorphose durch Pneumatolyse eine Rolle gespielt hat, ist wegen des gänzlichen Mangels an Fossilien sehr erschwert und ich bin vorläufig noch nicht in der Lage, darüber näheren Aufschluß zu geben. Ich hoffe aber später, wenn die gründliche petrographische Bearbeitung auf neuem vergleichendem Wege durchgeführt ist, auch diese Fragen klären zu können.)

Hand in Hand mit dieser Ablagerung ging eine allmähliche, mehr oder minder stetige Absenkung des Bodens gegen die Gneisscholle, die, wie erwähnt, etwa zur Silur/Devongrenze in ihre heutige Höhe gehoben wurde. Ob als Ursache der starken Sedimentation oder als deren Wirkung, lasse ich hier dahingestellt. Es ist für die im folgenden zu besprechenden Vorgänge irrelevant. Jedenfalls sehen wir zur Culmzeit eine ausgebildete Geosynklinale, deren Ausmaße die Grenze der Trägheit überstiegen hatten, und eine Ausgleichsbewegung des gestörten hydrostatischen Druckes auslösen mußte.

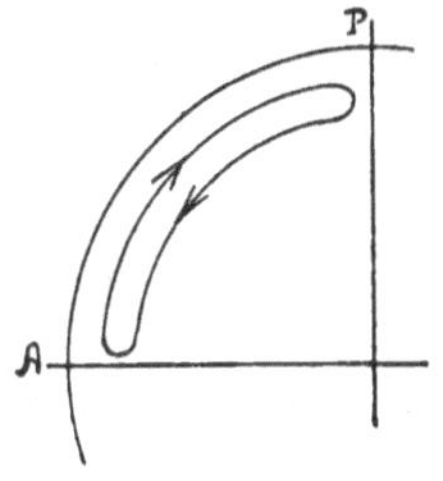

Fig. 2.

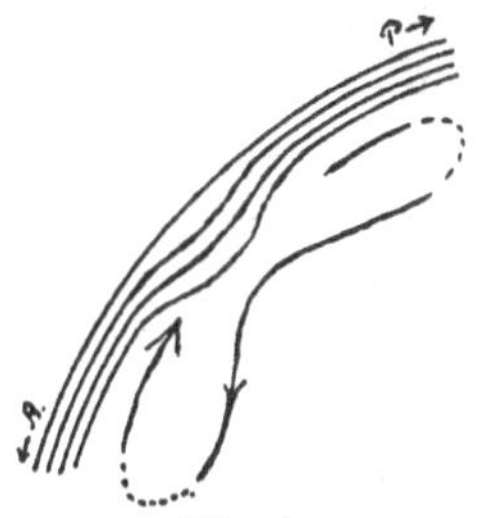

Fig. 3.

Fig. 2. Schematische Darstellung der normalen Zirkulationsströmung.
Fig. 3. Strömungsschema unter einer „seifen" Geosynklinale.

Nach den Massengesetzen hatte sich als Gegenpol zu der Geosynklinale in der Tiefe eine Aufwölbung der schweren Tiefenmasse gebildet (vgl. Fig. 3), die nun nach Überwinden des Trägheitsmomentes infolge der Rotation äquatorwärts abströmen mußte.

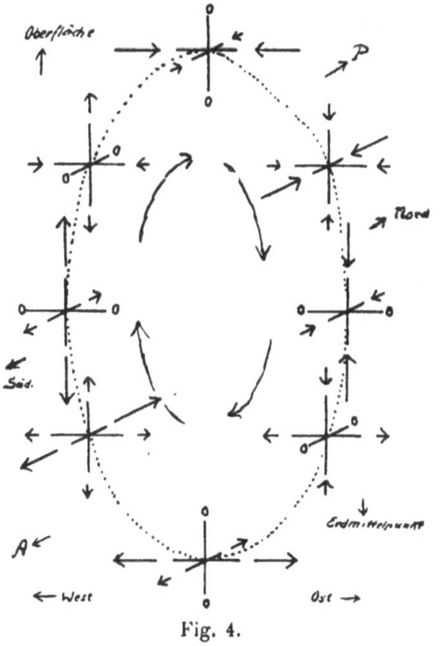

Fig. 4.

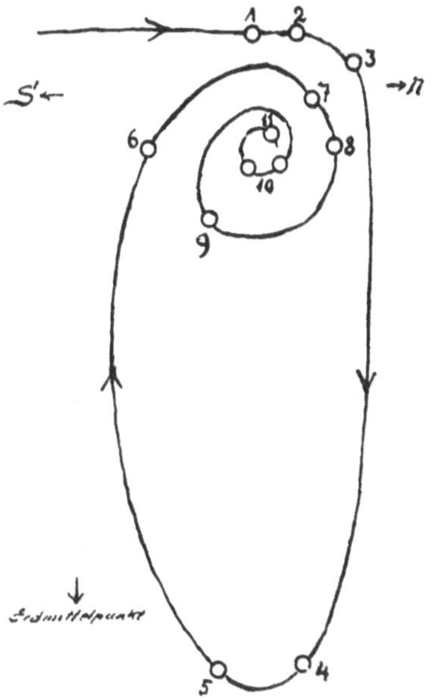

Fig. 5.

Fig. 4. Druckverteilungsschema eines zyklisch schwingenden Teilchens in perspektivischer Darstellung (resultierend aus Fig. 1a—c).
Fig. 5. Wahre Bewegung der Weschnitzscholle im Vertikalschnitt

Legende zu Fig. 5: 1. Faltung. 2. Sattelkernintrusion. 3. Reaktionsintrusion. 4. Fächerspalten. 5. Intrusion des Hauptgranites. 6. Mylonitisierung. 7. Intrusion des jüngeren Granites. 8. Sauere Gänge. 9. Basische Gänge. 10. Pernische Eruptionen. 11. Spalten der Mangan-Baryum-Sulfid-Thermen.

Als Reaktion auf diese Strömung setzte in oberflächlichen Lagen der säkularflüssigen Zone eine polwärts gerichtete Strömung ein, die nun auf die Geosynklinale auftraf und diese unter Zusammenstauchung nach Norden abtrieb. Die ganze mächtige Sedimentserie wurde dadurch, und durch die Abtriftung in engeren Raum, zusammengefaltet, und zwar in einem nordwärts gerichteten Bogen.

Aber nur die Sedimente wurden von dieser Faltung betroffen. Die sicher darunter liegende wohl sehr mächtige Gneisserie stand infolge ihrer Tiefenlage und ihrer wesentlich anderen Elastizitätsverhältnisse unter höherer Spannung, und so sehen wir hier im großen dasselbe wie bei der Zusammenstauchung der Böllsteiner Gneismasse, nämlich die Herausbildung einer Diskontinuität erster Ordnung. Die Faltung fand unter Abscheerung über der Gneismasse statt und diese wurde nur in sich zusammengedrückt und dabei mehr oder weniger in ein Schollenmosaik aufgelöst.

Diese gewaltigen Massenverschiebungen fanden natürlich mit der Erreichung des Gleichgewichtszustandes noch nicht ihren Abschluß, sondern schossen infolge des Trägheitsmomentes über das Ziel hinaus. Es entstanden über der Abscherungsfläche größere Massendefekte und Hohlräume, die durch basisches Magma, das aus dem äquatorial gerichteten Tiefenstrom stammte, ausgefüllt wurden. Diese Vorgänge sind in dem schematischen Profil (vgl. Fig. 6) dargestellt.

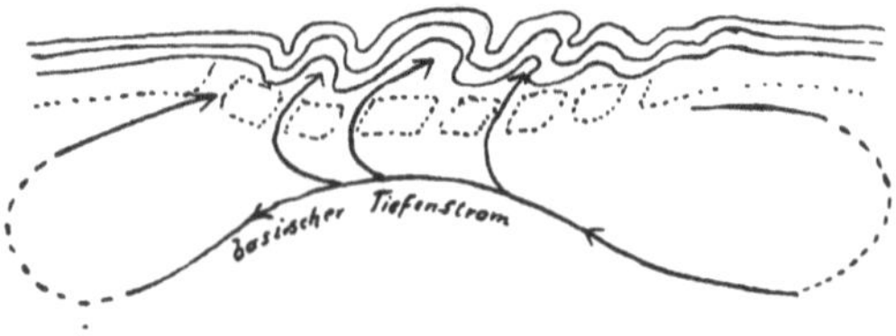

Fig. 6. Schematische Darstellung der Sattelkernintrusionen.

Das Magma dieser Intrusion, der Sattelkernintrusion, war, wie wir im Böllsteiner Odenwald gesehen hatten, Olivingabbro. Im Bergsträßer Gebiet sehen wir es allerdings nur an ganz wenigen Stellen in dieser Zusammensetzung, da es durch starke Aufnahme von Gneismaterial fast überall mehr oder minder angesäuert wurde. Wir beobachten nämlich folgendes.

Der nördlichste Zug basischen Magmas, der des Frankensteins, besteht im wesentlichen aus Diallaggabbro, der an einzelnen Stellen etwas Olivin führt, bei Seeheim allerdings quarzführend wird. Dem Gabbro zwischengeschaltet sind Schlieren von Wehrlit (Diallagperidotit, der allerdings infolge diagenetischer Vorgänge serpentinisiert ist).

Im nächsten Sattel, der sich von Reichenbach über die Neunkircher Höhe nach Großbieberau zieht, finden wir im Südwesten Diorit, im Nordosten Hypersthengabbro, welch letzterer allerdings sauere Einschlüsse führt, die teils Quarzdiorit, teils Hornblendegranit in ihrer Zusammensetzung gleichen.

Als dritter schließt sich der geschlossenste Zug basischen Erstarrungsgesteins an, der, bei Heppenheim beginnend, sich über Seidenbuch, Lindenfels, das Buch, bis nördlich von Reichelsheim hinzieht. Er besteht aus Diorit, der, ziemlich sauer, meist reichlich Quarz führt. Er ist besonders schlierig ausgebildet und enthält vielfach die schönen — übrigens besonders sauren und viel Quarz enthaltenden — Schlieren von Riesendiorit, die Chelius fälschlich als Gänge einzeichnete und Dioritpegmatit nannte.

Im südlichsten der Beobachtung zugänglichen Sattel sind die Verhältnisse durch spätere Vorgänge verwischt, wir können aber noch an einzelnen schwimmenden Schollen nachweisen, daß sein Kern ebenfalls von Diorit ausgefüllt war. Auch dieser Diorit war recht schlierig, wie die Aufschlüsse bei Schriesheim und Weinheim beweisen. Es finden sich hier auch wieder basische Schlieren in Form des bekannten Schriesheimites, eines Hornblende-Peridotites.

Daß es sich trotz der Verschiedenartigkeit der Gesteine doch um ein einheitliches Magma handeln muß, geht aus der völligen geologischen Übereinstimmung des Auftretens hervor. Überall sehen wir als Kern der Sättel diese langgestreckten Züge basischen Intrusionsgesteins, die genau dem varistischen Streichen folgen, nur im Osten gegen die Gneismasse abgeknickt sind, und zwar nach Norden. Das hängt damit zusammen, daß auch die Gneismasse die allgemeine polwärts gerichtete Bewegung mitmachte, allerdings in toto, und dabei die Falten etwas geschleppt hat.

Daß trotzdem das Gestein nicht überall den gleichen Habitus hat, hängt mit den starken Bewegungen einerseits, mit der Aufnahme von Gneismaterial aus der Tiefe andererseits zusammen. Daß Gneis in der Tiefe vorhanden ist, geht aus der mächtigen Gneisserie des Böllsteiner Odenwaldes hervor und auch daraus, daß die sauren Einschlüsse des Großbieberauer Gabbros völlig den Gneiseinschlüssen des Böllsteiner Gabbros gleichen.

Auch das allmähliche Saurerwerden nach Süden ist leicht zu verstehen. Denn je weiter wir nach Norden kommen, in desto größerer Tiefe haben wir den Gneis zu suchen. Im rheinischen Schiefergebirge haben wir keine Spur von kristallinen Gesteinen, im Taunus noch Phyllite, während im Schwarzwalde die Gneise überwiegen.

Die meist stark schlierige Beschaffenheit der Gesteine hat ihren Grund ebenfalls in der Aufnahme von Gneis, denn dadurch war das Magma in seinem chemischen Gleichgewicht gestört und neigte zur Entmischung. Außerdem wurde die Ausbildung von großen Schlieren auch durch die starken und wohl auch relativ raschen Bewegungen gefördert.

Die Aufpressung des Magmas erfolgte entsprechend der polarwärts wandernden Auffaltungsscholle mit starker nordgerichteter Komponente, und so finden wir an den distalen Flanken der Intrusionskörper stärkere Kontakterscheinungen als an den proximalen. Wir finden entsprechend als südöstliche Begleiter der Gabbros und Diorite Glimmerschiefer und Hornblendeschiefer bzw. schiefrige Amphibolite von feinem Korn, ebenso mehr oder minder phyllitische Grauwackenschiefer, während der Nordwestschenkel der Sättel neben diesen Gesteinen auch sehr viele massige Amphibolite, Hornfelse und quarzitische Hornfelse zeigt.

Aber alle diese Kontaktgesteine zeigen im wesentlichen nur die Mineralien der magmatischen Reihe, also dieselben Mineralien, aus denen auch die Erstarrungsgesteine bestehen, während die sogenannten eigentlichen Kontaktmineralien äußerst selten auftreten. Das hat seinen Grund meiner Ansicht nach darin, daß infolge der noch sehr starken Decke der Druck der darüber lastenden Gesteinsmasse genügte, um die gelösten Gase in Spannung zu erhalten, das Magma also nicht zur Entgasung kommen zu lassen.

Geringe Gaswirkungen scheinen allerdings an einzelnen Stellen vorgekommen zu sein, was die Granat-Cordierit-Hornfelse von Gadernheim und Laudenau und die Granat-Epidot-Hornfelse der Hohen Waid bei Schriesheim andeuten, obwohl es für die letzteren nicht eindeutig zu beweisen ist, ob ihre Entstehung der Kontaktwirkung der basischen Intrusionen zuzuschreiben ist.

Wie aus dem Gesagten hervorgeht, haben wir es hier mit einem sehr gut umschriebenen Intrusionstyp zu tun, der in seiner geodynamischen Bedingtheit von den Faltungsvorgängen nicht zu trennen ist, und den ich Sattelkernintrusion nennen möchte. Die verschiedenen Modifikationen dieses Typs sind vor allem von den Faltungserscheinungen abhängig und werden für jeden Faltengebirgstyp aus eben diesen Erscheinungen abgeleitet werden können.

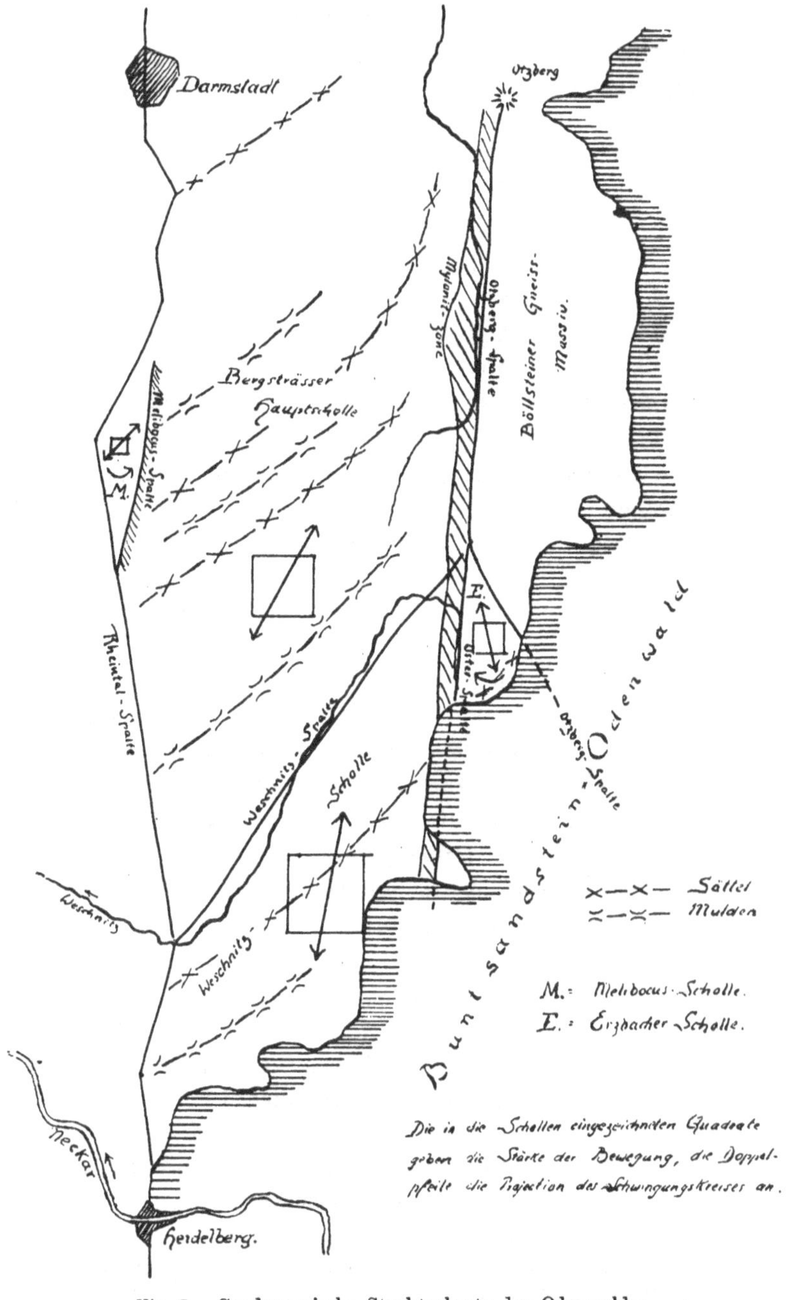

Fig. 7. Geodynamische Strukturkarte des Odenwaldes.

Die Reaktionsintrusion.

Durch die kombinierten Erscheinungen der Auffaltung und der basischen Sattelkernintrusionen war ein erheblicher Massenüberschuß entstanden, der sich nun zunächst in Sackungserscheinungen kennzeichnet. Verbunden mit dieser Absackung ist die zweite Intrusionsphase, die nun nach Abschluß der eigentlichen orogenetischen Bewegungen ganz andere Erscheinungsformen haben muß.

Der Rest des aus dem basischen Tiefenstrom stammenden Magmas der nun noch erhebliche Mengen von Gneismaterial aufgenommen hatte, hatte sich chemisch beruhigt und einen Gleichgewichtszustand erreicht, der einem Eutektikum wohl ziemlich nahe kam. Dieser Magmarest wurde nun, entsprechend der Absackung, in das sinkende Gebirge gepreßt und drang an den schwachen Stellen in dieses ein.

Diese schwachen Stellen waren aber nunmehr die Mulden. Denn die Sättel waren ja durch die basischen Intrusionskörper außerordentlich gefestigt und sehr resistent geworden. So resistent, daß sie auch den im weiteren Verlauf folgenden starken Gebirgsbewegungen den größten Widerstand entgegensetzten und sich zum Teil bis heute noch als geschlossene Massen erhalten haben.

Außerdem war in den Mulden das Gewicht der drückenden Decke am geringsten, da das spezifische Gewicht der Sedimente das der schweren Gabbros und Diorite bei weitem nicht erreichte und auch die absolute Höhe des aufgefalteten Gebirges hier am geringsten war.

Dazu kam, daß gerade an dieser Stelle naturgemäß die Schichten am stärksten zerrissen und gequält waren, auch durch die größte Entfernung von den Intrusivkörpern am wenigsten metamorphosiert.

An diesen Stellen, an den Muldenachsen, sehen wir also das Magma aufdringen.

Die chemische Natur des Magmas ist mittelsauer, es ist ein Hornblendegranit mittlerer Azidität, der im allgemeinen dem Tonalittypus entspricht. Daß es sich hier um ein Magma von sehr gutem chemischem Gleichgewicht handelt, geht aus der außerordentlichen Gleichmäßigkeit der Gesteine hervor. Wir finden überall genau dasselbe Gestein, von derselben Mineralzusammensetzung, derselben Korngröße und ganz ohne jede Schlierenbildung. Der einzige Unterschied ist der, daß der Hornblendegranit von Rippenweiher rotgefärbte Quarze führt (der sogenannte Reichsgranit), was aber, da es sich hier um eine schwimmende Scholle handelt, vielleicht auf Veränderungen bei Intrusion des Hauptgranites zurückzuführen ist.

Auch dürfte der Gehalt an Titanit, der dem Hornblendegranit nirgends fehlt und stets in ausgezeichneten Kristallen von Briefkuvertform ausgebildet ist, auf annähernd eutektischen Zustand des Magmas schließen lassen.

Nach dem soeben Gesagten finden wir also diesen Hornblendegranit zwischen die Dioritzüge eingeschaltet, er fehlt nur in der sehr schmalen Mulde zwischen Neunkircher und Lindenfelser Dioritzug und hat seine weiteste Verbreitung in der breitesten Laudenbach-Mörlenbacher Mulde.

Über die Kontakterscheinungen des Hornblendegranites ist es schwer, etwas Genaues zu sagen, da es in den meisten Fällen nicht möglich ist, mit Sicherheit zu entscheiden, was ihm allein zuzuschreiben ist und was noch auf Rechnung der früheren Vorgänge zu setzen ist.

Es scheint jedoch, daß der Kontakt gasreicher gewesen ist als der des basischen Gesteins, was auf die relativ höhere Stockwerkslage der Intrusion zurückgeht.

Vor allem wird dies durch den Auerbacher Kontakthof bewiesen, der ja neben den verschiedensten silikatischen Kontaktmineralien sehr viele sulfidische Erze führt. Ob diese Mineralbildung allerdings ganz auf Konto des Hornblendegranits zu setzen ist, wage ich nicht mit Sicherheit zu entscheiden, es ist möglich, daß weitere Umwandlungen und Neubildungen auch noch zur Zeit der pegmatitischen Gangphase des granitischen Hauptmagmas stattgefunden haben. Wenigstens deutet die Struktur des Auerbacher Marmors darauf hin, daß lange andauernde und wohl auch wiederholte Einflüsse seine heutige Ausbildung bedingt haben.

Ich möchte für diese ebenfalls sehr typische Form der Intrusion, die als Folge eines Übereffektes in den vorhergehenden geodynamischen Vorgängen auftrat, den bezeichnenden Namen Reaktionsintrusion vorschlagen, der seine geologische Bedingtheit am besten zum Ausdruck bringt.

Auch dieser Typ stellt einen gut umschriebenen Typus dar und wird sich sicher auch noch an vielen anderen Stellen auffinden lassen, da er meiner Ansicht nach im Gefolge jeder größeren Gebirgsbildung auftreten muß, wenn er wohl auch vielfach der Beobachtung durch seine immerhin noch große Tiefenlage entzogen ist. Aber gerade dadurch, daß wir im Odenwald, wie ja auch Bubnoff hervorhebt, ein sehr tiefes tektonisches Stockwerk vor uns haben, sind wir in der Lage, die Erscheinungen der Tiefe zu analysieren und daraus Schlüsse auf andere Gebirge zu machen.

Die erste Schwingung der Ausgleichsbewegung und die granitischen Intrusionen.

Nachdem nun der Rest des aus dem Tiefenstrom stammenden Magmas seine Raumbildung erfahren hatte und die ganze Odenwälder Hauptscholle dadurch zu einer ziemlich kompakten Masse geworden war ohne zwischengeschaltete flüssige Massen, konnte die eigentliche Ausgleichsschwingung ihren Anfang nehmen.

Die Absackung, die den Hornblendegranit an seine heutige Stelle preßte, war der Auftakt zu einer Absenkung im großen. Wir beobachten also zunächst eine positiv gerichtete Schwingungsphase, und zwar im wesentlichen in radialer Richtung gegen den Erdmittelpunkt gerichtet. Diese Bewegung ging wohl relativ schnell vor sich, da die Vertikalkomponente fast ausschließlich überwiegt und auch die Bewegung infolge des Übereffektes sehr tief erst in die Gegenphase umschlug.

Mit diesem Umschlage in die negative Schwingungsphase setzte nun die horizontale Komponente ein und wir beobachten eine starke äquatoriale Richtung in der aufsteigenden Bewegung. Mit dieser Bewegung sind aber nun, wie wir aus dem Druckverteilungsschema (vgl. Fig. 4 S. 15) ersehen können, in allen Richtungen Entspannungen verbunden, und so finden wir daraus die Erklärung für zwei Vorgänge, die sich in dieser Phase beobachten lassen.

Wir finden nämlich zunächst eine Zerteilung der Odenwälder Hauptscholle in mehrere Teilschollen, und zwar durch Spalten, die im allgemeinen fächerförmig mit der meridionalen Richtung als Hauptkomponente stehen. Diese Spalten deuten auf eine starke Dehnung im Sinne des Parallelkreises, auf eine schwächere auch im Sinne des Meridians, sie beweisen aber auch eine Wanderung zum mindesten der mittleren Schollen nach Süden.

Außerdem finden wir die Intrusion eines neuen Magmas, was auf eine Entspannung im hydrostatischen Druck hinweist. Alle diese Entspannungen sehen wir in dem rein theoretisch entwickelten Druckverteilungsschema in derselben Verteilung, wobei noch zu berücksichtigen ist, daß die Reaktion auf Änderungen im hydrostatischen Druck rascher erfolgen müssen als auf Änderungen in horizontaler Richtung, also die Intrusion schon bei der beginnenden Entspannung eintrat, während die tektonischen Bewegungen erst auf den Hauptwert reagieren konnten.

Außerordentlich wichtig ist die Betrachtung des Druckverteilungsschemas für die Intrusionsbedingungen des neuen Magmas. Wir hatten ja gesehen, daß das aus dem Tiefenstrom stammende Magma durch die Raumbildung des Hornblendegranites aufgebracht war, und müssen uns also fragen, wo dieses neue Magma herkam.

Darauf gibt uns nun unser Schema die Antwort. Wir sehen gerade an der Stelle der Schwingung, wo wir uns befinden, die größtmögliche Entspannung überhaupt, nämlich eine Entspannung in allen Dimensionen des Raumes. Durch diese allseitige Entspannung mußte der gespannte indifferente Gleichgewichtszustand der säkularflüssigen Zone in einen labilen Gleichgewichtszustand übergehen, also die Massen wirklich flüssig, d. h. tropfbar flüssig werden.

Mit anderen Worten, es bildete sich ein neuer selbständiger peripherer Herd und das Magma mußte der stofflichen Zusammensetzung der gespannten Masse (im wesentlichen Gneis) nach ein Biotitgranit mittlerer Azidität sein.

Die Frage der peripheren Herde wird damit in ein ganz neues Licht gesetzt. Da wir doch für alle vulkanischen Erscheinungen — Lavaergüsse ebensowohl wie Tiefenintrusionen — irgendwo einen flüssigen Herd annehmen müssen, der den Vulkan oder die Intrusion speist, da wir aber aus der wechselnden Zusammensetzung einerseits, aus geophysikalischen Beobachtungen andererseits keine Persistenz solcher Herde annehmen können, so müssen sie an beliebigen Stellen zu verschiedener Zeit entstehen können.

Für die Möglichkeit einer solchen Herdentstehung, die für Geologen und Vulkanologen ein notwendiges Postulat ist, die aber von vielen Geophysikern geleugnet wird, gab es bisher keine Erklärung.

Aber aus den recht einfach gewonnenen physikalischen Bewegungsgesetzen haben wir durch genaues Vergleichen der Druckänderungen innerhalb der Schwingungsphase hier eine Stelle gefunden, die diese Möglichkeit bietet und sogar bieten muß, wenn die Bewegung genügende Tiefe erreicht.

Durch die Druckverteilung einerseits, durch die infolge der Bewegung entstandene Spaltentektonik andererseits ist nun dem neugebildeten Magma seine Tätigkeit genau vorgezeichnet.

Es dringt aktiv aufschmelzend in breiter Front empor und wir sehen in seinen außerordentlich großartigen Kontaktwirkungen alle Erscheinungen seiner Intrusionsmechanik heute in wunderbarer Treue erhalten.

Da dieser Granit bei weitem die Hauptmasse aller Westodenwälder Gesteine ausmacht, so nenne ich ihn im Gegensatz zu den anderen Graniten den Hauptgranit, eine Bezeichnung, die ich der bisher üblichen, älterer Biotitgranit oder grobkörniger Biotitgranit, vorziehe, da dadurch seiner geologischen Stellung Rechnung getragen wird und außerdem die andern Benennungen nicht alle seine Erscheinungen mit umfassen. Wie wir sehen werden, ist seine Mineralzusammensetzung sehr wechselnd, ja, es kommen durch seine geologischen Wirkungen Gesteine zustande, die mit Biotitgranit eigentlich nichts mehr zu tun haben.

Am schönsten lassen sich die Verhältnisse des Hauptgranites in der Scholle südlich der Weschnitzspalte beobachten und ich werde im folgenden meine Beschreibung hauptsächlich auf dieses Gebiet beziehen.

Bevor ich aber dazu übergehe, müssen wir erst die Vorgänge, die der Intrusion unmittelbar vorangingen, etwas näher betrachten. Das sind vor allem die aufreißenden Fächerspalten.

Ein Blick auf die Strukturkarte zeigt uns diese Spalten (vgl. Fig. 7 S. 19). Wir sehen, daß zwei Hauptspalten von der Stelle ausstrahlen, wo die Otzbergspalte aus ihrer Nord-Süd-Richtung nach Südosten abbiegt, um bei Rohrbach unter dem Buntsandstein zu verschwinden. Es sind das die Osterspalte und die größte, die Weschnitzspalte. Eine weitere Spalte trennt das Melibokusmassiv vom übrigen Odenwald ab und diese Spalte scheint schon etwas früher aufgerissen zu sein, denn infolge einer uns unbekannten Masse, die im Nordwesten vom Melibokus gelegen haben muß und bremsend auf die Bewegung gewirkt hat, ist die Melibokusscholle nicht so tief mit abgesunken und hat eine ziemlich selbständige Schwingungsbewegung durchgemacht, auf die ich später zurückkommen werde. Ich kann die dortigen Verhältnisse allerdings nur kurz streifen, da sie von anderer Seite bearbeitet werden, und gehe nur so weit darauf ein, als es für diese Arbeit notwendig ist. Sie gibt nämlich für manche Erscheinungen im übrigen Odenwald eine gute Erklärung.

Durch diese Spalten wird die Gesamtmasse des Bergsträßer Odenwaldes in eine Anzahl von Schollen zerlegt, nämlich in die Melibokusscholle, die Hauptbergsträßerscholle, die Weschnitzscholle und die Erzbacherscholle.

Auch über die letztere Scholle kann ich hier nur das prinzipiell Wichtige sagen, da hier noch einige Komplikationen, die durch ihre Lage in dem Winkel zwischen Otzbergspalte und Osterspalte bzw. zwischen stehender Gneismasse und der am stärksten bewegten Weschnitzscholle bedingt sind, noch nicht fertig kartiert sind. Ich behalte mir vor, die Resultate dieser Kartierung, die außerhalb des Rahmens dieser Arbeit liegen, demnächst an anderer Stelle zu veröffentlichen.

Wenden wir uns nun zu den Erscheinungen der Hauptgranitintrusion, so beobachten wir vor allem die Erscheinungen, die mit seinem aktiven Aufdringen verbunden sind, in Form von großartigen Aufschmelzungsvorgängen. Es wurde schon erwähnt, daß die Mineralzusammensetzung des Gesteins eine äußerst wechselnde ist.

Wir finden nämlich in der Mineralzusammensetzung ein getreues Abbild der chemischen Beschaffenheit seines Daches. Das geht so weit, daß es möglich ist, auch an Stellen, wo heute dieses Dach den abtragenden Kräften zum Opfer gefallen ist, aus der Zusammensetzung des Granites in vielen Fällen es noch zu rekonstruieren.

Wo der Hauptgranit sich in basische Intrusionsmassen und deren amphibolitischen Mantel eingefressen hat, wird er hornblendeführend bis hornblendereich und übersteigt meist in seiner Basizität noch den Hornblendegranit. Aber er läßt sich stets an seiner schlierigen Struktur und an seinen meist großen porphyrischen Feldspateinsprenglingen vom echten Hornblendegranit der Reaktionsintrusion unterscheiden.

Diese Hornblendeführung kann bei reichlicher Aufnahme von basischen Amphiboliten zu Gesteinstypen führen, bei denen alle anderen Mineralien gegen den Amphibol völlig zurücktreten. Es bilden sich oft recht große Schlieren die fast nur aus Hornblende bestehen. Es ist ja klar, daß ein Magma, das so viel fremdes Material aufgenommen hat, notwendig sehr schlierig werden muß, und viele basischere und auch saurere „Urausscheidungen" enthält. Selbstverständlich führt dieser Granit auch viele Einschlüsse und Schollen von Dachgesteinen, die zum Teil recht erhebliche Dimensionen annehmen können, und durch „over head stoping" in seinen Bereich gelangten.

Das Korn des Hauptgranites ist stets ein recht grobes, was sich ja aus seiner großen Tiefenlage ohne weiteres erklärt. Besonders zeichnet er sich fast überall durch recht große porphyrische Einsprenglinge von Feldspat aus, wodurch er sich besonders von den jüngeren Graniten gut unterscheiden läßt.

Aber nicht nur der Granit selbst hat durch sein Dachgebirge große Veränderungen erfahren, auch dieses Dachgebirge ist durch die Granitintrusion außerordentlich in Mitleidenschaft gezogen worden. Bezeichnenderweise finden wir aber in diesem nur Veränderungen im Sinne der magmatischen Mineralserie, die Kontaktgesteine sind in ihrer Mineralzusammensetzung völlig den verschiedenen Erstarrungsgesteinen gleich und unterscheiden sich nur durch ihre Textur bzw. Struktur. Die sogenannten Kontaktmineralien fehlen hier absolut.

Naturgemäß mußte der sehr hohe hydrostatische Druck genügen, um eine Entgasung zu verhindern, da er sicher den Gasspannungsdruck bei weitem übertraf. Möglicherweise war auch das Magma, entsprechend seiner Entstehung in nicht allzu großer Tiefe, nicht extrem gasreich.

Jedenfalls sehen wir am ausgesprochen heißen Kontakt des Hauptgranites keine Spur von irgendwelchen Wirkungen, die von Gasen herrühren könnten.

Betrachten wir nun diese heißen Kontaktwirkungen im einzelnen. Es ist klar, daß aus der Resorptionszone, des aufschmelzenden Magmas mit ihren inneren Veränderungen und Assimilationen an das Dachgestein, der Übergang zu diesem selbst ein allmählicher sein muß.

So finden wir denn zunächst Imprägnationsgesteine, die eine innige Mischung von Dachgestein und Magma darstellen. Besonders schön lassen sich diese Gesteine in dem großen Steinbruch an der „Hohen Hecke", östlich von Birkenau beobachten.

In diesem Gestein ist durch thermische Einwirkung das Mineralgefüge gelockert gewesen, vielleicht waren auch die einzelnen Mineralkörner schon angeschmolzen. In die feinen und feinsten Zwischenräumchen drang das Magma ein und bei der Erstarrung dieses Gemenges entstand ein Mischgestein, bei dem eigentlich jedes Mineralkorn Teile des alten Gesteines und des Magmas enthält.

Das Gestein ist ein echter Migmatit und unter Berücksichtigung seiner Mineralzusammensetzung aus Quarz, Feldspat und Biotit und seiner schiefrigen Struktur einem Migmatitgneis außerordentlich ähnlich. In seiner Struktur macht sich außerdem eine deutliche Schlierenbildung und teilweise auch Fältelung bemerkbar. Das ist darauf zurückzuführen, daß das innige Gemisch von Schiefer und Magma infolge der heißen Tiefenlage äußerst plastisch sein mußte und daher Umformungen erfuhr, die praktisch Diffusionsschlieren gleichzusetzen sind.

Nicht ganz so innig war die Mischung im nächsten Typus der Kontaktgesteine, den ich als Infiltrationstypus bezeichnen möchte. Wir beobachten hier eine völlige Aufblätterung der Schiefergesteine und eine Erfüllung aller dadurch entstandenen Hohlräume, wobei es ebenfalls noch zu plastischen Umformungen der Gesamtmasse kam. Am besten lassen sich diese Gesteine studieren in dem alten Steinbruch unter dem Mackenheimer Bahnviadukt und am Storrbuckel bei Waldmichelbach.

Nach der Raumbildung des Hauptgranites, die in die äquatorialgerichtete Anfangsphase des aufsteigenden Schwingungsteiles fällt, geht diese Schwingung in die rein aufsteigende und schließlich, da der Einfluß der Zirkulation immer stärker wird, in die polwärts aufsteigende Bewegung über.

Wir sehen nämlich, daß mit der Aufstiegsbewegung längs der Spalten eine starke Zertrümmerung verbunden ist, die darauf deutet, daß in Richtung des Parallelkreises eine starke tangential wirkende Druckkraft verbunden ist, während der Druck in meridionaler Richtung nicht zum deutlichen Ausdruck kommt.

Vergleichen wir wieder die Stelle dieser Vorgänge im Bewegungsdiagramm mit der Druckverteilung, so kommt das gut zum Ausdruck. In den folgenden Diagrammen (vgl. Fig. 8) der Bewegungsgröße der einzelnen Hauptphasen sehen wir an einzelnen Grenzen stärkere Unstetigkeiten und diese ergeben genau die Größenordnung der Mylonitisierung.

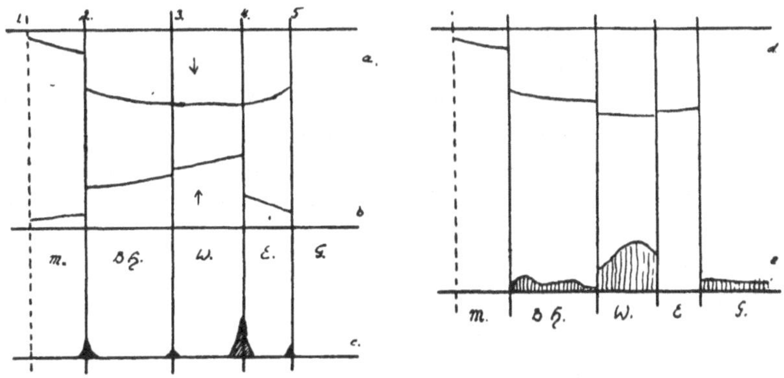

Fig. 8. Graphische Schnitte durch Einzelphasen der geodynamischen Struktur.

Legende zu Fig. 8:

a. Betrag der Absenkung der ersten Schwingung.
b. Betrag der Haupthebung.
c. Betrag der Mylonitisierung.
d. Höhe der Erstarrung des Hauptgranites.
e. Relative Menge des jüngeren Granites.
1. Problematische Westgrenze der Melibocusscholle.
2. Melibocusspalte.
3. Weschnitzspalte.
4. Osterspalte.
5. Otzbergspalte.
M. Melibocusscholle.
B. H. Bergsträßer Hauptscholle.
W. Weschnitzscholle.
E. Erzbacher Scholle.
G. Böllsteiner Gneißmassiv.

Da es sich hier um einen Vorgang von großer Bedeutung für die Odenwaldgeologie handelt, durch dessen eingehendes Studium mir überhaupt erst der Bewegungsmechanismus verständlich geworden ist, will ich ihn etwas eingehender behandeln.

Die Regionalmylonitisierung.

Von Waldmichelbach bis gegen Bockenrod zieht sich eine Zone von eigenartigem Bau und abweichenden Gesteinen hin, die von Chelius als Zone bzw. Schieferzone von Hammelbach bezeichnet wurde. Besonders gut läßt sie sich am Gehänge des Trommassivs zwischen Oberscharbach und Hammelbach und am „Eckweg" nördlich von Hammelbach beobachten.

Aber noch wesentlich weiter im Norden, von Niederkainsbach über Brensbach nach Hippelsbach lassen sich ähnliche Gesteine erkennen, und die Beobachtung lehrt, daß es sich um das gleiche Phänomen handelt. Auffallend ist es, daß diese „Schiefergesteine“ nicht im varistischen Streichen liegen, sondern in ihrer Streichrichtung den großen Spalten folgen: Im Norden der Otzbergspalte, südlich von Unterostern der Osterspalte. Diese Gesteine bilden eine lange Zone von etwa 30 km Länge in durchschnittlich 1—2 km Breite. Nur bei Fränkisch-Crumbach beträgt die Breite etwas über 3 km.

Untersuchen wir diese Gesteine genauer, so finden wir trotz der äußersten Verschiedenheit im einzelnen doch einige gemeinsame Züge. Wir finden nämlich, daß vor allem in allen hierher gehörenden Gesteinen der Quarz stets zertrümmert ist, was sich auf der Verwitterungsfläche in einer eigenartigen narbigen Beschaffenheit schon deutlich zu erkennen gibt und was natürlich vor allem im mikroskopischen Bild scharf hervortritt. Aber auch alle anderen Mineralien zeigen diese Zerdrückung mehr oder minder deutlich, nur daß hier je nach der Ausbildung von Clivageflächen der Kristallzusammenhang mehr gewahrt blieb. Aber selbst die scheinbar unzerstörten Feldspäte zeigen an ihrer äußeren Begrenzung, daß sie ihre Form völlig verändert haben.

Wir haben es hier also mit einer Zermalmung eines ganzen Gesteinskomplexes zu tun, mit einer Mylonitisierung im großen.

Vielfach finden wir noch fast unveränderte Partien der ehemaligen Gesteine, nämlich vor allem Hauptgranit mit seinen infiltrierten und injizierten Dachgesteinen, außerdem Amphibolite und andere metamorphene Sedimente. Basische Intrusivgesteine finden sich kaum, da diese infolge der Schleppung nicht bis an die Otzbergspalte heranreichten. Wo sich doch in gepreßten Schollen Diorit findet, wie bei Rohrbach (südöstlich von Bockenrod), so zeigt er sich am wenigsten verändert, was wohl mit seiner Textur und seiner außerordentlichen Zähigkeit zusammenhängt.

Von diesen fast unveränderten Gesteinen, die aber auch die zerpreßten Quarze und die in ihrer Form beeinträchtigten Feldspäte erkennen lassen, finden wir eine schön geschlossene Reihe bis zur äußersten Zermalmung.

Zunächst Granite, die stark flasrig geworden sind und dadurch Augengneise vortäuschen. Sie sind aber immer an ihrer Textur von echten Augengneisen zu unterscheiden, da die hellen Flasern durch die Zerdrückung eine verschwommene Struktur angenommen haben, die gegen die scharfe, klare Quarz-Feldspattextur des echten Gneises scharf kontrastiert (gneisartige Mylonite, Auswalzungsmylonite).

Dann finden wir, daß innerhalb der Flaserung kleine Harnische auf den einzelnen Mineralkörnern, besonders den dunklen Gemengteilen, ausgebildet sind, die sehr häufig größeren Umfang annehmen, so daß das ganze Gestein ein schuppiges Aussehen erhält und alle diese Schüppchen durch Harnische voneinander getrennt sind (Harnischmylonite).

Sehr häufig ist ein Typ, bei dem zwischen einzelnen noch ziemlich unzerdrückten Gesteinsschüppchen oder einzelnen Mineralkörnern ein dichtes Zerreibsel liegt, so daß die gröberen Teile wie in einer Grundmasse eingebettet liegen. Je nach dem Überwiegen der gröberen Teile oder der Grundmasse haben wir dann Gesteine von breschenhaftem oder porphyrischem Aussehen (Breschenmylonit, pseudoporphyrischer Mylonit).

Den Schluß der Reihe bilden die Typen, bei denen die Zerreibung noch weiter gegangen ist, so daß feinsandige bis dichte Struktur entsteht (psammitische bzw. pelitische Mylonite).

Alle diese Gesteine sind häufig noch mehr oder minder schiefrig, so daß, ähnlich wie bei den wenig veränderten Graniten, Gneise, bei diesen stark zerpreßten Gesteinen Glimmerschiefer, schiefrige Grauwacken oder Phyllite vorgetäuscht werden. Und in der Tat wäre es in vielen Fällen kaum möglich, diese Gesteine ohne weiteres zu erkennen, wenn wir sie nicht in ihrem Verbande aus ihren Übergängen erkennen könnten.

Die Schieferung dieser Gesteine steht aber naturgemäß senkrecht auf der sie bedingenden Druckrichtung, und da diese, wie aus dem Druckverteilungsschema hervorgeht, ostwestlich gerichtet war, nordsüdlich. Außerdem steht diese Schieferung mehr oder minder saiger, nur wo größere Massen wenig zerdrückten Gesteins noch vorhanden sind, windet sie sich um diese herum.

Diese Mylonitisierung ist durch Anpressung an die stehenbleibenden oder weniger bewegten Schollen bei der aufsteigenden Bewegung, die eine starke Süd-Nord-Komponente hatte, bedingt.

Diese Horizontalkomponente findet in der Erklärung der Bewegung als Phase einer zyklischen Welle eine viel ungezwungenere Deutung als in der Bubnoffschen Annahme.

Aber durch diese Bewegung wurde nicht nur das Gestein längs der Hauptspalten im großen mylonitisiert, auch im Innern der Schollen rissen Spalten auf. Diese sehen wir einerseits als Gleitspalten an der Grenze von Dioriten und ihrer Schieferhülle, wie zum Beispiel südlich des Heppenheimer Waldes am Gehänge gegen das Kirschhauser Tal, andererseits in Querspalten in den Dioritzügen selbst.

Der jüngere Granit.

Mit der Aufstiegsbewegung war die Ausgleichsschwingung noch nicht zum Abschluß gekommen, es war immer noch ein recht beträchtliches Trägheitsmoment vorhanden und wir sehen die Bewegung wieder umschlagen, und zwar mit polarer Komponente gegen den Erdmittelpunkt. Da die ganze Masse über ihren Gleichgewichtspunkt noch hinausgehoben war, so entstand im Scheitelpunkt der Welle ein Massenunterschuß, der neues Aufsteigen von Magma auslösen mußte. Ein saurer Rest des Hauptgranitherdes war in der Tiefe noch vorhanden, da noch keine Überdruckphase diesen Rest herauspressen konnte. Nun war ihm die Gelegenheit zum Aufstieg gegeben und wir finden ihn an allen schwachen Stellen empordringen.

Besonders schwache Stellen waren jetzt die Mylonitzone, besonders da, wo die Fächerspalten an sie heranstoßen, dann die vorhin erwähnten neu aufgerissenen Spalten innerhalb der Schollen. An diesen Stellen sehen wir die Raumbildung des jüngeren Granites.

Das wichtigste Massiv und auch für das Studium seiner Intrusionsmechanik am instruktivsten ist das Trommassiv.

Es liegt in dem Winkel, den die Weschnitzspalte mit der Mylonitzone bildet, und ist uns als Ganzes sehr gut bis heute erhalten. Das im folgenden über die Intrusionserscheinungen des jüngeren Granites zu Sagende bezieht sich hauptsächlich auf den Trommgranit.

Außerdem gehören zu dieser Intrusionsphase der Granit des Heppenheimer Waldes, der sich in den Steinbrüchen am Lindenstein bei Heppenheim gut studieren läßt, dann das große Granitgebiet von Beedenkirchen, Neutsch, Ernsthofen (Mikrogranit nach Chelius), ein Teil der Granite östlich von Darmstadt (Granophyr nach Klemm) und ein großer Teil der als Granitporphyr beschriebenen Gängen vor allem im Gebiet der Neunkircher Höhe und bei Großbieberau. Auch die jüngeren Granite des Böllsteiner Gebietes gehören, wie gezeigt wurde, hierher.

Die eigentlichen Granitporphyre, die sonst einer normalen granitischen Ganggefolgschaft ein so charakteristisches Gepräge geben, fehlen dem Odenwald so ziemlich. Ausnahmen sind allerdings vorhanden, auf die ich später an anderer Stelle zu sprechen kommen werde. Aber rein chemisch-geologisch ist ja die Intrusionsphase des jüngeren Granites ein Äquivalent dieser Gangphase, nur daß infolge der noch nicht zur Ruhe gekommenen Ausgleichsschwingung auch stockförmige Massenintrusionen vorgekommen sind.

Die Kontakterscheinungen des jüngeren Granites sind ausgesprochen kalter Natur. Ein innerer Kontakt ist außer einer Abnahme der an sich schon geringen Korngröße gegen die Begrenzung nicht vorhanden. Auch der äußere Kontakt ist sehr beschränkt. Wir finden eigentlich nur schwache kaustische Erscheinungen an den am wenigsten verfestigten Gesteinen, und zwar an den feinkörnigen Myloniten, die zu „Mylonithornfelsen" gebrannt sind.

Diese Mylonithornfelse stellen ein recht charakteristisches Gestein dar, das sich längs des ganzen Trommgranitkontaktes feststellen läßt. Bezeichnenderweise sind nur die feinkörnigen Mylonite metamorphosiert, sie sind zu schön blaugrauen bis schwarzen dichten Hornfelsen verändert, in denen die etwa vorhandenen gröberen Teile meist hellrosa Färbung zeigen.

Die gröberen Mylonite mögen auch etwas verändert sein, doch tritt die Veränderung so wenig in Erscheinung, daß sie bei den meist etwas verwitterten Lesesteinen, auf die man bei der Kartierung angewiesen ist, nicht beobachtet werden können.

Es ist ja ohne weiteres klar, daß bei dem viel günstigeren Verhältnis von Oberfläche zu Masse bei den Bestandteilen der feinen Zerreibsel eine kaustische Einwirkung größeren Erfolg haben mußte als an den weniger zerpreßten Gesteinen.

Der Granit selbst ist wesentlich saurer als die resorptionsfreien Teile des Hauptgranites und sein Korn sehr viel feiner. Selbst im Innern der Stöcke, wie man im Weschnitzdurchbruch beobachten kann, erreicht er die Korngröße der Randpartien des Hauptgranites nicht. Vor allem fehlen meist die großen Einsprenglinge von Feldspat. Wo solche vorhanden sind, unterscheiden sie sich trotzdem dadurch, daß ihre Ausdehnung sich viel mehr der Würfelform nähert und nie so lange Tafeln bildet, wie das für den Hauptgranit so charakteristisch ist.

Der Höhenunterschied in der Raumbildung beider Granite mag aus ihren Kontakterscheinungen zu schließen, ca. 6000 m betragen haben. Wir hätten demnach als Durchmesser der ersten zyklischen Welle der Ausgleichsschwingung in Richtung des Erdradius etwa 6000 m anzunehmen. Der meridionale Durchmesser wird wohl erheblich geringer gewesen sein, doch haben wir es sicher noch mit Bewegungsbeträgen von weit über 1000 m zu tun.

Die weiteren Bewegungen im Verlauf des Schwingungsabklingens sind erheblich geringer gewesen. Aber wir beobachten noch eine ganze Reihe von Erscheinungen, die uns zeigen, daß noch längere Zeit hindurch die Bewegung nicht zur Ruhe kam.

Betrachten wir die Ganggefolgschaft des granitischen Magmaherdes, so sehen wir, daß nach Raumbildung des jüngeren Granites, den wir ja, wie erwähnt, sehr gut mit der Granitporphyrphase in Parallele setzen können, eine ziemlich vollständige magmatische Entmischung stattfand, deren Resultat wir in zwei Gangphasen, einer älteren sauren (im wesentlichen Aplite und schiefrige Aplite, sogenannte Alsbachite, die aber von den echten Alsbachiten sich gut unterscheiden lassen) und einer jüngeren basischen (Kersantiten, Augitminetten, Hornblendekersantiten und Glimmerminetten) in Erscheinung treten sehen.

Aus der Streichrichtung dieser Gänge, von denen die ersteren überwiegend Norwest-Südost bzw. Ostwest streichen und die letzteren im allgemeinen meridionales Streichen bevorzugen, läßt sich schließen, daß bei der älteren Phase Zusammenschub, bei der jüngeren Dehnung stattfand. Mit anderen Worten, die sauren Gänge deuten auf polares Eintauchen, die basischen auf äquatoriales Aufsteigen hin. Wir hätten dann während der Gangphase einen zweiten Zyklus der Schwingungswelle nur von erheblich geringeren Dimensionen, wobei vor allem der Unterschied in den beiden Durchmessern sehr viel geringer gewesen sein muß.

Einen dritten Zyklus glaube ich in den permischen Eruptionen noch feststellen zu können, die sich ja zeitlich recht eng an die basischen Gänge anschließen. Denn nach Beobachtungen von Cohen scheinen die jüngsten Minettegänge noch bis in rotliegende Zeit gereicht zu haben. Ob sich allerdings ein direkter Zusammenhang der Minetten mit den Melaphyren des nördlichsten Odenwaldes wird nachweisen lassen, obwohl er aus verschiedenem sehr wahrscheinlich ist, ist noch sehr zweifelhaft, da die chemische Analyse hier wegen der starken Zersetzung der Melaphyre versagt und eine andere Entscheidung vorläufig noch unmöglich ist.

Auch die von Klemm beschriebenen jüngsten Granitporphyrgänge, die „jünger als alle anderen Gänge sind“, dürften, wenn sie das wirklich sind, woran bei der genauen Beobachtung Klemms nicht zu zweifeln ist, eher mit der Quarzporphyreruption in Zusammenhang stehen als mit dem granitischen Magma.

Doch sind die Untersuchungen über den Eruptionsmechanismus und die Herdbildung der permischen Eruptiva noch nicht weit genug gediehen, um schon ein abschließendes Urteil abgeben zu können. Immerhin erscheint es mir nach den bisherigen Beobachtungen sehr wahrscheinlich, daß sie ihre Entstehung einem dritten Zyklus der Ausgleichswelle verdanken, und als letzte Beobachtung, die noch in die Ausgleichsbewegung gehört, sind die Spalten zu setzen, auf denen zur Zeit der unteren Abteilung des oberen Buntsandsteins die Mangan-Baryum-Sulfid-Thermen aufbrachen, die die älteren Barytgänge und die Vererzung des Zechsteins zur Folge hatten.

Greifen wir die Resultate, die sich aus den gesamten Beobachtungen der Bergsträßer Hauptmassen ergeben haben, kurz heraus, so sehen wir, daß sich alle geodynamischen Erscheinungen sehr gut zu einer geschlossenen Kette zusammenfassen lassen, bei der jede einzelne Phase logisch und notwendig aus der vorhergehenden folgt.

Die Teilschollen.

Wenn wir zum Schluß noch einen kurzen Blick auf die Teilschollen werfen, so tue ich das nur, um dasBild des Gesamtodenwaldes in großen Zügen einigermaßen vollständig zu geben.

Zunächst die Erzbacher Scholle. Ihre Erscheinungen sind bedingt durch ihre topographische Lage zur Böllsteiner Gneismasse. Sie liegt in dem spitzen Winkel zwischen dieser und der Osterspalte, die in der geraden Fortsetzung des Nordsüd-Teiles der Otzbergspalte liegt. Sie hatte natürlich alle Bewegungen, die vor Aufreißen der Fächerspalten stattfanden, mitmachen müssen und erst von da an eine selbständige Entwicklung genommen. Der Hauptgranit ist hier noch in seiner normalen Entwicklung mit all seinen Kontakterscheinungen ausgebildet und erst bei der nun folgenden Hebungsphase wurde die Scholle an die Gneismasse angepreßt und machte die Bewegung nur stark gebremst mit. Infolge dieser Bremsung setzt die Mylonitzone südlich von Bockenrod westlich von der Osterspalte fort und die Erzbacher Scholle wurde nur in toto gestaucht, wobei sie eine geringe Drehung um eine Achse erfuhr, die senkrecht auf der Bewegungsrichtung der Weschnitzscholle steht. Der Granit ist zu einem gneisartigen Gestein zerdrückt, dessen Schieferungsfläche aus dieser Drehung resultiert.

Aus dieser Schieferung erklärt es sich, daß Chelius und Klemm das Gebiet noch zur Böllsteiner Masse rechneten, und da naturgemäß das gneisähnliche Gestein, das aber von den echten Gneisen sich ebenso unterscheidet wie die gneisartigen Gesteine der Mylonitzone, alle Übergänge zum Hauptgranit zeigt, den Böllsteiner Gneis dem Hauptgranit gleichsetzten.

Etwas verwickelter liegen die Verhältnisse in der Melibokusscholle. Wie bereits oben (vgl. S. 24) erwähnt, war die trennende Spalte ziemlich frühzeitig entstanden und die Scholle hatte die Absenkung infolge einer uns unbekannten bremsenden Masse nicht im vollen Ausmaße mitgemacht. Bei der Intrusion des Hauptgranites war nun eine größere Magmamenge in die Scholle eingedrungen und hatte hier eine etwas abweichende Entwicklung durchgemacht. Durch eine Drehbewegung, analog der, die wir bei der Erzbacher Scholle gesehen haben, wurde bei den weiteren Bewegungen auch die Melibokusscholle gedreht und dabei die Magmamasse schon vor ihrer völligen Erstarrung vom Hauptherde abgeschnürt.

Der Hauptgranit erstarrte hier also erstens in höherem Stockwerk, was sich in seiner Struktur — er ist feinkörniger — und in seinen Kontakterscheinungen — sie sind lange nicht so intensiv — zu erkennen gibt. Zweitens finden wir infolge der Drehbewegung eine sehr verwickelte Lagerung, die sich in einer eigentümlich windschiefen, fast schraubigen Entwicklung seiner Flaserung kennzeichnet. Auch aus gewissen Quetschzonen, die sich durch eigenartige Struktur auszeichnen, geht hervor, daß diese Bewegung schon vor der völligen Erstarrung des Granites stattgefunden hatte.

Vor allem interessant gestaltet sich die Ganggefolgschaft dieses sekundären Herdes. Da er mit keiner großen Herdmasse mehr in Verbindung stand, so setzte die magmatische Entmischung sehr frühzeitig ein und ging in zwei deutlich zu trennenden Phasen anscheinend sehr rasch vor sich.

Infolge dieser Erscheinung sehen wir hier auch andere Ganggesteine, wie sie im übrigen Odenwald die Regel bilden.

In der ersten Phase sehen wir als saures Glied einen sehr flasrigen sauren Granitporphyr, der etwa die Mitte zwischen echtem Granitporphyr und Alsbachit hält, und als basischen Gegenpol Vogesite.

Die zweite Phase zeigt als saures Gestein Alsbachit, und zwar echten Alsbachit, der sich von schiefrigen Apliten sehr deutlich unterscheiden läßt, und als basische Glieder die verschiedenen malchitischen Gesteine (Malchit, Luziit, Feldspatorbit und Orbit).

Zum großen Teil sind diese Ganggesteinstypen der Melibokusscholle eigentümlich, nur einige kommen auch noch in der Nachbarschaft vor. Außerdem finden sich vielfach Übergänge zwischen den einzelnen Typen, so zwischen Granitporphyr und Malchit und zwischen Granitporphyr und Vogesit, vor allem aber zwischen Granitporphyr und Alsbachit. Dadurch wird auch bewiesen, daß die Entmischung ziemlich schnell und nicht ganz vollständig vor sich ging.

Zum Teil machen die Gänge den Eindruck, als ob sie in noch nicht ganz zur Ruhe gekommenes Magma eingedrungen seien. Ob das tatsächlich der Fall ist oder ob die zum Teil merkwürdig verbogenen Alsbachit-Malchit-Doppelgänge, auf die mich Herr Dr. Rüger aufmerksam machte auf Torsionen bei postmagmatischen Bewegungen zurückzuführen sind, wage ich noch nicht zu entscheiden.

Wenn wir uns noch einmal das Bewegungsdiagramm (vgl. Fig. 5 S. 15) vergegenwärtigen und damit das Druckverteilungsschema (vgl. Fig. 4 S. 15) vergleichen, so sehen wir noch eine Erscheinung, auf die ich hier kurz hinweisen möchte.

Wir sehen, daß ein in zyklischer Welle schwingendes Teilchen im Laufe einer vollen Schwingung sehr verschiedene Druckverteilungen durchmacht, und es können folglich die granittektonischen Messungen, wie sie die Cloossche Schule betreibt, je nach der Phasenstelle, wo ein Intrusivkörper erstarrte, die verschiedensten Resultate erzielen.

Das geht deutlich aus der Arbeit von Bubnoff hervor, der in seiner Arbeit die Cloossche Arbeitsmethode angewandt hat.

Aus der Messung von zwei ganz heterogenen Graniten, nämlich Hornblendegranit bei Rippenweiher und Trommgranit, hat er durch gleiche Ergebnisse veranlaßt, auf gemeinsame Entstehungsursachen geschlossen und, da ihm die Altersverhältnisse noch nicht bekannt waren, wenigstens der große Altersunterschied noch nicht, so hat er auch auf gleiche tektonische Bedingung geschlossen.

Sehen wir uns aber einmal die Phasenstellung der beiden, wie wir gesehen haben, ganz verschieden bedingten Intrusionen an, so finden wir, daß sie genau an der gleichen Stelle des Schwingungskreises stehen, also gleiche Druckkräfteverteilung haben.

Und dafür, nämlich zur Erkundung der Phasenstellung ist meiner Ansicht nach die Cloossche Meßmethode ausgezeichnet, nicht aber ohne weiteres zur Feststellung aller granitdynamischen Bedingungen.

Zusammenfassung.

Wir haben gesehen:

1. die geodynamischen Erscheinungen des kristallinen Odenwaldes sind bedingt im Rahmen einer zyklischen Schwingung, die ausgelöst wurde durch die Herausbildung der Geosynklinale;
2. die Bewegungen wurden modifiziert durch das Bestehen einer alten kaledonisch gehobenen Gneismasse, die den gebirgsbildenden Kräften als starrer Block gegenüberstand;
3. periphere Herde können entstehen, wenn eine Scholle über der säkularflüssigen Zone sich in äquatorialer Richtung schräg aufwärts gegen die Erdoberfläche hebt und diese Bewegung in genügende Tiefe hinabreicht;
4. bei polarwärts wandernden Schollen entstehen gegen stehenbleibende Schollen Zonen regionaler Mylonitisierung.

Außerdem haben wir im Odenwald mehrere Typen von Intrusionen kennen gelernt:

1. Lagergangintrusionen infolge von Eindringen auf Diskontinuitätsflächen, die bei seitlichem Zusammenschub einer starren Masse an Grenzen verschieden starrer Gesteine entstehen;
2. Sattelkernintrusionen;
3. Reaktionsintrusion;
4. aktiv aufschmelzende Tiefenintrusion;
5. Aufpressungsintrusion.

Und haben erkannt, daß alle Erscheinungen der Geodynamik, Tektonik und Intrusionen, nur einzelne Glieder einer notwendig zusammengehörigen Vorgangsfolge sind, von denen keines fehlen kann.

FSC
www.fsc.org
MIX
Papier | Fördert gute Waldnutzung
FSC® C083411

Zeitfracht Medien GmbH
Ferdinand-Jühlke-Straße 7
99095 Erfurt, Deutschland
produktsicherheit@kolibri360.de